LES OPEGRAPHA

DE LA

FLORE D'EUROPE

ETUDE SYNOPTIQUE, DESCRIPTIVE

ET

GÉOGRAPHIQUE

PAR

M. l'abbé H. OLIVIER

Officier d'Académie

<table>
<tr><td>BAZOCHES-EN-HOULME
CHEZ L'AUTEUR</td><td>L. LHOMME, Editeur
3, Rue Corneille, 3
PARIS</td></tr>
</table>

1914

LES OPEGRAPHA DE LA FLORE D'EUROPE

Etude synoptique, descriptive et géographique

par M. l'Abbé **H. OLIVIER**

Opegrapha Humb.

Thalle généralement très mince, de couleur variable, hypophléode dans plusieurs espèces, ou même indistinct.

Lirelles noires, superficiaires, rarement innées à la base; linéaires allongées, simples ou diversement ramifiées, ou oblongues, subarrondies et presque lécidéines; à bord propre, ou nul. Paraphyses grêles, distinctes. Spores hyalines ou brunies, fusiformes, cloisonnées, généralement 6 à 8 par thèque.

Spermaties grêles, cylindriques ou bacillaires, droites ou courbées.

L'Iode bleuit parfois la gélatine hyméniale, mais le plus souvent la colore en rouge vineux.

CLEF ANALYTIQUE

1	Espèces parasites....................	2.
	Non parasites; spores 'uniseptées....	4.
	Non parasites; spores polyseptées....	8.
2	Spores hyalines, longues de 23, 26... Anomea (70).	
	Spores hyalines, longues de 11, 13 .. Dirinaria (71).	
	Spores brunes........................	3.
3	Lirelles agglomérées; paraphyses libres .... Monspeliensis (72).	
	Lirelles agglomérées; paraphyses cohérentes .... Parasitica (73).	

4	Spores hyalines.....................	5.
	Spores brunes; sur le bois ou les écorces	6.
	Spores brunes; saxicoles............	7.
5	Spores longues de 5, 8...............	Inarensis (8).
	Spores longues de 10, 17; sur les vieilles écorces........................	Constrictella (7),
	Spores longues de 10, 17; sur le bois..	Xilographiza (45).
6	Spores longues de 11, 16............	Lentiginosa (1).
	Spores longues de 20, 23............	Lentiginosula (2).
	Spores longues de 27, 32............	Diplasiospora (3).
7	Spores longues de 15, 21............	Cerebrina (4).
	Spores longues de 12, 13; lirelles contournées en spirale.....	Rubiformis (6).
	Spores longues de 12, 13; lirelles en masse confluente, fendillée........	Elisae (5).
8	Sur la terre ou les pierres...........	9.
	Sur les bois, écorces, tiges de graminées..........................	25.
9	Lirelles pâles en dedans; spores longues de 13, 16....................	Endoleuca (61).
	Lirelles pâles en dedans; spores longues de 24, 25....................	Duriei (62).
	Lirelles foncées en dedans,...........	10.
10	Thalle C + ou K (C) + rougi; lirelles pruineuses..................	11.
	Thalle C + rouge; lirelles nues.......	Nothisa (12).
	Thalle C —, K (C) —...............	12.
11	Thalle K + jaune..	Grumulosa (10).
	Thalle K —; C + rouge............	Platycarpa (11).
	Thalle K —; C —; K (C) + rouge...	Mirifica (14).
12	Spores 3 à 4 cloisons................	13.
	Spores 5 à 7 cloisons	21.
13	Lirelles pruineuses; thalle blanc farineux..............................	Subelevata (nota).
	Lirelles pruineuses, thalle non farineux	14.
	Lirelles nues.....·.................	16.
14	Lirelles agglomérées par groupes.....	Decandollei (34).
	Lirelles non agglomérées...........	15.
15	Lirelles subarrondies.	Abscondita (41).
	Lirelles très sinuées et flexueuses.....	Catarrhaph. (42).
	Lirelles simplement lobées..........	Arthonioidea (nota).
16	Thalle jaunâtre..................	Xanthodes (28).
	Thalle roux ou brunâtre............	17.
	Thalle gris-cendré ou blanchâtre.....	18.
17	Lirelles grosses, proéminentes........	Lutulenta (32).
	Lirelles petites, innées..............	Opaca (60).
18	Spores 20, 25 de long.............	Decandollei (34).
	Spores 20 au plus; thèques pyriformes.	Calcarea (47).
	Spores 20 au plus; thèques fusiformes.	19.

19 { Spores longues de 12, 15............. Centrifuga (37).
   { Spores longues de 15, 20............. 20.

20 { Lirelles linéaires, flexueuses.......... Demutata (36).
   { Lirelles grosses, oblongues, subarron-
   {   dies .... Saxicola (33).
   { Lirelles grosses, allongées........... Confluens (55).

21 { Thalle sorédié..................... Zonata (35).
   { Thalle nu, jaunâtre .... Paraxanthodes (29).
   { Thalle nu, cendré, foncé ou indistinct. 22.

22 { Sur la terre sablonneuse............ Areniseda (39).
   { Saxicole; spores longues de 14, 16... Atrula (48).
   { Saxicole; spores longues de 16, 25... 23.

23 { Lirelles dilatées, au milieu.......... Koerberiana (19).
   { Lirelles non dilatées, pruineuses..... Mougeotii (49).
   { Lirelles non dilatées, nues.......... 24.

24 { Spores à 5, 7 cloisons.............. Lithyrga (54).
   { Spores à 5 cloisons, longues de 21, 31. Actophila (40).
   { Spores à 5 cloisons, longues de 16, 22. Cœsareensis (38).

25 { Thalle C + rouge; K —............. Platycarpa (11).
   { Thalle C + rouge; K + jaune....... Grumulosa (10).
   { Thalle C —; K —.................. 26.

26 { Spores brunes .... Prostii (27).
   { Spores hyalines; hymenium K + pour-
   {   pre .... Atricolor (46).
   { Spores hyalines; hymenium K —.... 27.

27 { Lirelles dilatées au milieu, pâles en de-
   {   dans............................ Nothella (17).
   { Lirelles dilatées, foncées en dedans... 28.
   { Lirelles non dilatées.... .... 32.

28 { Lirelles à bord ochracé.... .... Ochrocheila (22).
   { Lirelles non ochracées; spores 3 sep-
   {   tées............................ 29.
   { Lirelles non iochracées; spores 5 à 7
   {   cloisons .... 30.

29 { Lirelles à pruine bleuâtre........... Thelopsisocia (21).
   { Lirelles nues, petites, linéaires....... Atrorimalis (25).
   { Lirelles nues, grosses...... .... Diaphoroides (20).

30 { Spermaties droites, lirelles grosses,
   {   oblongues...... .... Notha (16).
   { Spermaties droites, lirelles petites, li-
   {   néaires. .... Pulicaris (24).
   { Spermaties courbées............... 31.

31 { Spores longues de 30, 35........... Amphotera (26).
   { Spores longues de 20, 24; lirelles gros-
   {   ses............................. Diaphora (18).
   { Spores longues de 20, 24; lirelles li-
   {   néaires, petites .... Rimalis (23).

32 { Lirelles pruineuses; spores longues de
   {   12, 18 .... Celtidicola (15).
   { Lirelles pruineuses; spores longues de
   {   23, 31 ....•.............. Lyncea (9).
   { Lirelles nues...................... 33.

33	Lirelles jaunâtres...................	Xanthocarpa (30).	
	Lirelles noires; thalle jaunâtre.......	Deusta (63).	
	Lirelles noires; thalle blanc, cendré, ou foncé		34.
34	Thèques pyriformes.................		35.
	Thèques fusiformes; sur les graminées......................................	Phœnicicola (65).	
	Thèques fusiformes; sur les bois ou les écorces........................		36.
35	Spores à 4 cloisons.................	Quadriseptata (44).	
	Spores à 3 cloisons, longues de 15, 20.	Atra (43).	
	Spores à 3 cloisons, longues de 10, 15.	Xilographiza (45).	
36	Spores 3 septées; lirelles gyriformes.	Contexta (64).	
	Spores 3 septées; lirelles non gyriformes................................		37.
	Spores 5 à 7 cloisons et plus........		40.
37	Thalle blanchâtre ou cendré verdâtre.		38.
	Thalle roussâtre ou foncé...........		39.
38	Spores longues de 12, 18............	Lilacina (67).	
	Spores longues de 20, 28............	Prosiliens (13).	
	Spores longues de 23, 45...........	Subrufescens (58).	
39	Spermaties arquées..................	Herpetica (57).	
	Spermaties droites, 4 × 1...........	Rufescens (59).	
	Spermaties droites, 7, 9 × 1........	Phlegospila (31).	
40	Spores 10 à 14 cloisons; thalle hypophléode............................	Viridis (68).	
	Spores 10 à 14 cloisons; thalle épaissi, roussâtre	Prosodea (69).	
	Spores 5 + à 9 cloisons au plus.....		41.
41	Thalle rosé........................	Rubecula (66).	
	Thalle cendré ou blanchâtre; spores à 7 cloisons...........................	Stictica (nota).	
	Thalle cendré ou blanchâtre; spores à 5 cloisons...........................		42.
42	Chrysogonidies 13, 18 de diam.; lirelles étoilées.....................	Subsiderella (51).	
	Chrysogonidies 13, 18 de diam.; lirelles non étoilées...............	Vulgata (50).	
	Chrysogonidies 6, 12 de diamètre....		43.
43	Lirelles subétoilées, émergentes......	Cincrea (56).	
	Lirelles subétoilées, enfoncées dans le thalle..........	Hapaleoides (52).	
	Lirelles non étoilées...............	Devulgata (53).	

A. Spores uniseptées.

1. **Op. lentiginosa** Lyell. Nyl. Prodr., p. 158.

Thalle indiqué par une simple tache bordée d'une ligne brunnoir. — Lirelles petites, oblongues ou linéaires, simples, droites, rimiformes. Spores brunes, ovoïdes, uniseptées : 11, 16 × 6, 7. Spermaties cylindriques 4, 5 1/2 × 1.

Habit. Sur les écorces. Manche, Ille-et-Vilaine, Finistère. Angleterre, Irlande, Portugal.

2. Op. LENTIGINOSULA Nyl. Leight. L. Flora, p. 395.

Thalle indistinct. Lirelles petites, proéminentes, ellipsoïdes, rimiformes, simples ou rarement divisées ; hypothecium pâle. Spores brunes, uniseptées ; 20, 23 × 10, 11.

Habit. Glenfalloch en Ecosse. Sur les pins des régions subalpines.

3. Op. DIPLASIOSPORA. Nyl. Leight. L. Flora, p. 395.

Thalle blanc glauque, membraneux, mince, étalé. Lirelles oblongues ou lancéolées, subinnées, à bord mince, élevé, infléchi. Spores brunes, uniseptées : 27, 32 × 12, 16.

Habit. Sur le houx dans les montagnes d'Irlande.

4. Op. CEREBRINA (Ram.) Schœr. Enum., p. 159 ; *Lecidea cerebrina* Nyl.

Thalle blanc farineux, continu, épais. Lirelles innées, flexueuses, canaliculées, plissées déformées, parfois connées 2 à 3. Spores brunes, uniseptées 15, 21 × 8, 11.

a) var. *Coesia* Anz. Catal., p. 96. Thalle bleuâtre, inégale, contigu ou fendillé-aréolé.

b) var. *Steriza* Anz. supr. Thalle oblitéré.

Habit. Sur les rochers calcaires. France, dans les Hautes-Pyrénées. Suisse. Angleterre. Alpes de Lombardie. Allemagne. Tyrol : *a)* Italie, avec le type *b)* Toscane, Tyrol.

5. Op. ELISAE (Mass.). Oliv. *Encephalographa Elisae* Mass. Symm., p. 66.

Thalle blanc verdâtre ou jaunâtre, étalé ; hypothalle noir. — Lirelles immergées, puis confluentes, tout à fait contournées, entrelacées et formant une masse fendillée, rugueuse. Spores brunes, uniseptées 12, 13 × 4, 5.

Habit. Sur les rochers calcaires des montagnes. Lombardie. Suisse. Dalmatie.

6. Op. RUBIFORMIS (Mass.) Oliv. *Encephalographa rubiformis* Mass. Sym., p. 67.

Thalle blanc sale ou jaunâtre, contigu ; hypothalle noir. — Lirelles simples, irrégulières, puis gonflées, contournées en spirale. Spores brunes, uniseptées 12, 13 × 4, 5.

Habit. Roches calcaires des Alpes Italiennes, près Allocc.

7. Op. constrictella Stirt. Leight. L. Flora, p. 396.

Thalle mince, pâle ou blanchâtre. — Lirelles brun pâle en dedans, simples ou un peu agrégées. Spores hyalines, uniseptées 12, 17 × 4, 6 1/2.

Habit. Sur les vieilles écorces dans l'Argyleshire en Ecosse.

8. Op. inarensis (Wain.). Oliv. *Hazslinszkia inarensis.* Wain. Adjum. II., p. 153.

Thalle blanchâtre, mince, granulé rugueux ou subpulvérulent. — Lirelles nombreuses, oblongues, rimiformes ou applanies, à bord élevé. Spores hyalines, uniseptées 5, 8 × 3.

Habit. Sur des végétaux détruits en Finlande boréale.

B) Spores 3 — polyseptées.

a) Groupe de O. Lyncea.

9. Op. Lyncea (Sm.) Nyl. Prodr., p. 151 ; Op. caesia DC. (non Ach.).

Thalle blanc pulvérulent étalé, chrysogonidique K + jauné. — Lirelles oblongues, planiuscules, à pruine bleuâtre. Spores 3 à 7 cloisons, 23, 31 × 3, 4 1/2.

Habit. Sur les vieux chênes. France : Ouest, Nord-ouest, environs de Paris, rare ailleurs. Fréquent en Angleterre. Espagne. Hollande. Allemagne, en Thuringe.

10. Op. grumulosa Duf. Nyl. Prodr., p. 152. *Op. varia* v. *calcarea* Sch.

Thalle blanc grisâtre, farineux, assez épais, K + jaune ; C + rouge. — Lirelles à pruine bleuâtre, lancéolées ou difformes, marginées, émergentes à la fin. Spores 3 septées, 11, 18 × 3, 4. Spermaties courbées, 5,7 × 1.

a) Var. *cryptarum* Harm. Croz. Lich, observ. dans l'Hérault, p. 50. Thalle subgranulé, brunâtre ; lirelles saillantes. Spores 18, 28 × 3, 4.

Habit. Sur les rochers et parfois sur les écorces. Calvados. Manche. Seine-Inférieure. Marseille. Province de Côme en Italie. Angleterre. Jersey. Suisse. *a)* rochers ombragés à Agde dans l'Hérault.

11. Op. platycarpa Nyl. L. Alg., p. 334 ; *Op. dirinaria* Nyl. Nov. Zel., p. 147.

Thalle blanc farineux, épais, fendillé, parfois à hypothalle grisâtre, C + rouge. — Lirelles planes, courtes, arrondies difformes, à bord mince, pruineuses. Spores 3 septées, 13, 21 × 3, 4. (1).

Habit. Sur les roches calcaires. France, dans l'Hérault. Italie. Angleterre, à Lynton. Signalé aussi sur les écorces en Algérie.

12. Op. nothiza Nyl. in Flora, 1880, p. 13.

Thalle blanc grisâtre, mince, étalé, brisé ; hypothalle brun noir ou nul ; C + rouge. — Lirelles oblongues, difformes, marginées, planes. Spores 3 septées : 15, 17 × 3, 4 1/2. Spermaties droites, 5 × 1/2.

Habit. Sur les roches quartzeuses à Jersey.

13. Op. prosiliens Leight. L. Flora, p. 403

Thalle blanchâtre, très mince, chrysogonidique. — Lirelles ovales ou oblongues, proéminentes, rimiformes, à bords élevés. Spores 3 septées : 20, 28 × 6, 7.

Habit. Sur les vieux bois décortiqués au comté d'Iverness en Ecosse.

14. Op. mirifica Leight. L. Flora, p. 545.

Thalle blanchâtre ou cendré, finement fendillé, un peu farineux ; C — ; K (C) + rougi. — Lirelles oblongues, éparses ou aggrégées, pruineuses ou dénudées. Spores 3 septées 14, 21 × 3, 5.

---

(1) Qu'il me soit permis de decrire ici quelques espèces étrangères très voisines des précédentes et qui sont à rechercher dans les contrées méridionales.

Op. stictica (DR.). Nyl. L. Alg., p 315. Thalle blanc pulvérulent, étalé, chrysogonidique. — Lirelles oblongues ou subarrondies, nues, superficiaires, agglomérées. Spores à 7 cloisons : 19, 26 × 3. 5.

Habit. Sur les vieux chênes en Algérie.

Op. arthonioidea Nyl. L. Nov. Zel., p. 148. Thalle mince, lisse, continu. — Lirelles innées, planes, pruineuses, lobées, difformes. Spores 3 septées : 20, 24 × 7. Spermaties bacillaires 4, 5 × 1/2.

Habit. Sur le calcaire à Oran en Algérie.

Op. subelevata Nyl. Nov. Zel., p. 148; *Op. varia* var. *elevata* Nyl., Alg. Thalle blanc farineux, continu — Lirelles lancéolées linéaires ou trifides, proéminentes, pruineuses, à bord épais. Spores 3 septées, parfois brunies à la fin : 16, 23 × 6, 7.

Habit. Sur les calaires à Oran en Algérie.

Habit. Sur les rochers. Cumbra au Comté de Bute en Ecosse.

15. Op. CELTIDICOLA Jatt. Fl. Crypt., p. 727.

Thalle cendré blanchâtre, étalé, continu. — Lirelles courtes, oblongues, simples à disque ouvert et à pruine blanche cendrée. Spores 3 à 5 cloisons 12, 18 $\times$ 4, 6.

Habit. — Ile de Malte ; sur l'écorce d'un vieux tronc de Celtis australis.

b) Groupe de O. varia.

16. Op. NOTHA Ach. Oliv. L. O. II, p. 190. *Op. varia* Pers. (pp.); *Op. varia* v. *lichenoides* Schoer.; *Op. gibberulosa* Ach. L. Univ. ; *Op. variæformis* Anz.

Thalle très mince, blanchâtre ou indistinct. — Lirelles saillantes, grosses, ovales ou oblongues, courtes, dilatées au milieu. Spores hyalines à l'état normal, 4, 6 cloisons : 15, 30 $\times$ 5, 9. Spermaties droites, 4 $\times$ 1.

a) var. *lutescens* Clem. Thalle ou lirelles jaune verdâtre.

b) var. *nigrocoesia* Cheval. Lirelles à pruine blanche.

c) var. *populina* Cheval. Lirelles en majeure partie subléci-déines.

d) var *fagicola* Mass. Mem., p. 104. Spores plus petites 12, 18 $\times$ 2, 3.

e) var. *juglandis* Mass. supr. Thalle farineux, jaune-verdâtre sale.

f) var. *confluens* Mass. supr. Thalle blanc de lait, brillant ; Lirelles courtes, confluentes.

Habit. Commun sur les écorces et les vieux bois par toute l'Europe. *a*) *b*) *c*) fréquemment mêlées au type ; *d*) Province de Padoue en Italie ; *e*) *f*) Haute-Garonne. Province de Vérone en Italie.

17. Op. NOTHELLA Nyl. in Hue add. n° 1528.

Thalle à peu près indistinct. — Lirelles pâles en dedans, sub-arrondies, immarginées. Spores hyalines, 3, 4 cloisons 18, 22 $\times$ 5. 6.

Habit. Sur les hêtres. Jutland. Prusse Orientale à Carthaus.

18. Op. DIAPHORA Ach. Nyl. L. Paris, p. 105 ; *Op. gregaria* Ach.

Thalle blanchâtre, très mince ou nul. — Lirelles dilatées, grosses, allongées, convexes, atténuéés, à bord persistant. Spores 5 à 7 cloisons, 20, 24 $\times$ 7, 9. Spermaties oblongues, courbées : 3, 4 $\times$ 2.

a) var. *tridens* Ach. Syn., p. 79; *pruinosa* Hffm. — Lirelles tricuspidées, blanches pruineuses.

b) var. *tigrina* Ach. Syn., p. 77. Forme lignicole à lirelles parallèles ou confluentes.

c) var. *signata* Ach. Syn., p. 76 ; *elevata* DC ; *hebraica* Duf. — Lirelles plus planes, flexueuses, moins atténuées, à bord refoulé.

d) var. *saprophila* Nyl. Prodr., p. 156. Signata sur le bois.

e) var. *chlorina* Schœr. Enum., p. 157. Thalle et lirelles couverts d'une pruine jaune-verdâtre.

f) var. *violatra* Mass. Mem., p. 124. Thalle brun violacé.

g) var. *angustata* Lesd. Notes Lichén. XI, p. 35. Spores plus étroites : 23, 30 $\times$ 3, 4, rarement 5.

Habit. Type et var. *a*) à *e*) commun par toute l'Europe sur les écorces et les bois ; *f*) Province de Vérone, Toscane; *g*) Ecosse : West Sutherland, Jonque.

19. Op. Kœrberiana Müll. Classif., p. 67 ; *O. saxatalis* Krb. (non DC.) ; *O. saxicola* Stiz.

Thalle blanchâtre, pulvérulent ou à peu près nul. — Lirelles dilatées, proéminentes, allongées, simples ou trifurquées, atténuées. Spores 4 à 5 cloisons, 20, 22 $\times$ 6, 7.

a) var. *pruinosa* Krb. Lirelles pruineuses.

b) var. *argillicola* Dub. Thalle confondu avec l'argile.

c) var *Leightonii* Cromb. Leight. L. Flora, p. 409. Spores plus grandes, et à 7 cloisons 27, 30 $\times$ 5.

Habit. Sur le calcaire et l'argile des murs. Type et *a*), *b*) çà et là en France; *c*) Deux-Sèvres. Angleterre, Ecosse, Irlande, type et variétés, fréquents.

20. Op. diaphoroides. Nyl. in Flora, 1878, p. 453.

Thalle blanchâtre, très mince ou nul. — Lirelles de Opeg. diaphora, mais à spores constamment 3 septées et plus petites 11, 16 $\times$ 3 1/2.

Habit. Sur l'écorce des oliviers en Corse à Bonsifacio. Portugal.

21. Op. rhilopsisocia Harm. Crozal. Lich. obs. dans l'Hérault, p. 48; Op. dilatata Harm. Exss.

Thalle mince, blanchâtre. — Lirelles fortes, allongées, flexueuses, dilatées, à pruine bleuâtre, et à bords relevés, infléchis. Spores 3 sept. 15, 19 × 6, 7. Spermaties droites, 7, 9 × 1, 2.

Habit. Sur les écorces. Béziers ; Agde dans l'Hérault.

22. Op. ochroleicha Nyl in Hue add. 1533.

Thalle blanchâtre, très mince ou nul. — Lirelles de Op. signata, mais à bord ochracé. Spores 3 septées, 14, 16 × 4, 5.

Habit. Sur les écorces. France dans le Midi, Angleterre, Irlande. Pays de Galles ; Jersey.

23. Op. rimalis Ach. L. U., p. 260. *Op. rimicola* Chev.

Thalle très mince, blanchâtre ou à peu près nul. — Lirelles petites, atténuées, élargies au milieu, linéaires, nues. Spores 5-7 cloisons 20, 24 × 7, 9. Spermaties oblongues, courbées.

a) var. *simplex* Lirelles petites, courtes, simples.

b) var. *subgregaria* Harm. L. Lorr., p. 446. Lirelles agglomerees par 3, 15 en groupes étoilés.

c) var. *subrimalis* Nyl. Pyr.-Or., p. 40. Type à spores plus allongées 32, 38 × 7, 9.

d) var. *herbicola* Nyl. in Flora, 1877, p. 463. Type sur les herbes et les fougères.

Habit. Sur les écorces par toute l'Europe : *a)* mêlée au type. *b)* sur le sapin dans les Vosges ; *c)* Pyrénées-Orientales ; *d)* Kylemore en Irlande.

24. Op. pulicaris (Hffm. Nyl. L. Paris, p. 104 ; *Op. Pollinii* Mass. ; *vulvella* Ach.; *pellicula* Duf.

Thall. blanchâtre, mince, souvent peu distinct. — Lirelles très minces, dilatées, simples ou divisées, atténuées aux extrémités. Spores 5-7 cloisons : 18, 37 × 7, 9. Spermaties droites, bacillaires 3, 4 1/2 × 1.

a) var *phœa* Ach. Syn., p. 78. Thalle brun foncé, bordé de noir.

b) var. *incrustata* God. Oliv. L. O. II, p. 193. — Lirelles pruineuses immergées dans un thalle blanc-farineux.

c) var. *Minuta* Cheval. Petite forme du type.

Habit. Type, et *a*) *c*) répandu sur les écorces par toute l'Europe. *b*) Seine-Inférieure.

25. Op. atrorimalis Nyl. Oliv. L. Ouest, II, p. 194.

Thalle mince blanchâtre ou parfois un peu épaissi. — Lirelles petites, linéaires, dilatées, à bords élevés. Spores 3 septées : 18, 26 × 7, 8. Spermaties bacillaires, droites.

a) var. *microcarpa* Oliv. Thalle un peu épaissi ; spores plus petites ; 13, 15 × 5 1/2.

b) var. *betulina* Nyl. L. Paris, p. 105 ; *Turneri* Leight ; *herbarum* : Mont. ; *Culmigena* Lib. Type sur les fougères et les graminées.

Habit. Type, commun sur les bois et les écorces en France. Portugal. Angleterre. Ecosse. Irlande, type et variétés. Thuringe. *a*) Manche ; *b*) Noirmoutier.

26. Op. amphotera Nyl, Leight. L. Flora, p. 410,

Thalle pâle cendré ou légèrement bruni, un peu pulvérulent. — Lirelles de forme très variable, subarrondies, oblongues ou allongées, dilatées. Spores 6 à 9 cloisons, 30, 35 × 3 4 1/2. Spermaties cylindriques, légèrement courbées.

Habit. Sur les écorces, rare. Angleterre ; Pays de Galles. Portugal.

27. Op. Prostii (Dub.). Nyl. Prodr., p. 154.

Thalle nul ou peu distinct. — Lirelles foncées, saillantes, parfois un peu dilatées, à bords relevés. Spores brunes, 3 septées, 15, 20 × 5,7.

Habit. Sur l'écorce intérieure du pommier qui s'exfolie. Rare. Brionne dans l'Eure. Vosges.

c) Groupe de Op. Xanthodes.

28. Op. Xanthodes Nyl. in-Flora, 1878, p. 245.

Thalle jaunâtre ou cendré jaunâtre, lisse, mince, fendillé. — Lirelles oblongues, rimiformes. Spores 3 septées, 15, 18 × 5,6. Spermaties droites, 4 × 1 à peine.

Habit. Sur des roches à quartzeuses à Kylemore en Irlande.

29. Op. paraxanthodes Nyl. in Flora 1879, p. 357.

Thalle pâle jaunâtre, mince, finement fendillé-aréolé. — Lirelles linéaires, oblongues, rimiformes. Spores 4 à 5 cloisons: 23, 25 $\times$ 819. Spermaties droites, 5, 7 $\times$ 1/2.

Habit. Sur les roches calcaires ombragées au comté de Galway, en Irlande.

30. Op. xanthocarpa Nyl. in Hue, add., n° 1536.

Thalle blanchâtre, très mince. — Lirelles pâles jaunâtres, pâles en dedans, oblongues, étroites. Spores à cloisons : 22, 23 $\times$ 6, 7.

Habit. sur les ormes en Allemagne.

31. Op. pnlegospila Nyl., Pyr. Or. Nov., p. 66.

Thalle indiqué par une tache brun cendré, obscure. — Lirelles étroites, oblongues, proéminentes, subflexueuses, à bords connivents. Spores 3 septées, 12, 20 $\times$ 7, 8. Spermaties droites, bacillaires, 7, 9 $\times$ 1 à peine.

Habit. Sur le hêtre dans les Pyrénées-Orientales.

32. Op. lutulenta Nyl., Prodr., p. 153.

Thalle roux sale, mince, lépreux ou fendillé brisé. — Lirelles oblongues, difformes, nues, superficiaires, rimiformes, puis dilatées. Spores 3 septées, 15, 20 $\times$ 6, 7. Spermaties droites; 6, 8 $\times$ 1 à peine.

a) var. *ecrustacea* Nyl., Pyr.-Or. Nov., p. 84. Thalle à peine distinct. Spores 18, 22 $\times$ 6, 8.

Habit. Saxicole. Agde. Pyrénées-Orientales. *a)* Cap. Béarn.

d. Groupe de Op. Saxicola.

33. Op. saxicola Ach. Nyl., L. Paris, p. 106; *Op. rupestris* Pers.; *saxatilis* Schœr. (non DC. ni Fr.); *dolomitica* Arn.

Thalle blanchâtre, mince ou peu distinct. — Lirelles courtes, parfois subarrondies, rimiformes, non dilatées, à bord épais. Spores 3 septées; 16, 19 $\times$ 5, 7. Spermaties bacillaires, 4 de long.

a) var. *garganica* Jatt. Fl. Crypt. p. 730. Lirelles très courtes, petites, dispersées.

b) var. *sublecideina* Arn. L. Tyrol XI, p. 493. Lirelles très courtes, subglobuleuses; spores brunies à la fin.

Habit. Assez répandu sur les roches calcaires par toute l'Europe, mais généralement rare ; *a*) rochers du Mont Gargan en Italie ; *b*) montagnes du Tyrol.

34. Op. Decandollei Stiz., Opegr., p. 26 ; *Op. saxatilis* DC. (non Sch.) ; *saxigena* Hepp.

Thalle cendré blanchâtre ou bleuâtre, mince, souvent un peu pulvérulent. — Lirelles courtes, agglomérées par groupes, à disque fermé. Spores 3 septées 20, 25 × 6, 7. Spermaties bacillaires, 4 de long.

a) var. *pruinosa* Krb. Lirelles à pruine blanche.

b) var. *Personii* Ach., syn., p. 71. Lirelles plus arrondies, plissées, rugueuses, déhiscentes.

c) var. *umbonata* Wain., Adjum. II, p. 151. Lirelles bombees au milieu.

d) var. *gyrosa* Flot ; *gyrocarpa* Stiz. ; *gyrifera* Wain. sup. cit. Lirelles déformées, plissées, gyriformes.

Habit. Roches calcaires. Assez répandu en France, mais peu commun. Fréquent en Italie, Iles Britanniques, Suisse, Portugal, Allemagne, Finlande : *a*) avec le type ; *b*) France çà et là ; Irlande ; *c*) Finlande boréale ; *d*) Angleterre, Ecosse, Irlande, Allemagne, Finlande boréale.

35. Op. zonata Krb., Syst., p. 279 ; *Op. tristis* Fw.

Thalle grisâtre ou brun roux, à sorédies blanc jaunâtre ; hypothalle noir. — Lirelles oblongues ou subarrondies, planes, parfois gyriformes, à bord proéminent, subpulvérulent. Spores à 5 cloisons : 16, 21 × 3, 4.

Habit. Sur les rochers. Deux-Sèvres, Cantal, Franche-Comté, Mont Dore, assez répandu. Iles Britanniques ; Jersey. Suisse, Tyrol, Lombardie, Toscane, Allemagne, Bavière.

36. Op. demutata Nyl., in Flora, 1879, p. 358.

Thalle blanc, très mince, subfarineux. — Lirelles linéaires, subflexueuses, étroitement rimiformes. Spores 3 septées : 12, 16 × 3, 5. Spermaties bacillaires : 11, 20 × 1, 2.

Habit. Sur les roches sablonneuses. France, à Dunkerque. Heidelberg en Allemagne. Thuringe.

37. Op. centrifuga Mass., Att. Fl. Crypt., p. 732.

Thalle cendré blanchâtre, étalé, furfuracé lépreux ou pulvérulent. — Lirelles petites, subarrondies, plissées, crispées, en pulvénules orbiculaires serrés, puis centrifuges à la fin. Spores 3 septées : 12, 15 × 4, 6.

Habit. Sur les rochers calcaires. Alpes de Vénétie. Allemagne, Thuringe, Russie.

38. Op. Cœsareensis Nyl., Leight. L. Flora, p. 406.

Thalle blanchâtre, mince, fendillé, indéterminé. — Lirelles proeminentes, simples, subflexueuses, rimiformes. Spores à 5 cloisons : 16, 22 × 4, 5. Spermaties droites : 6, 7 × 1.

Habit. Sur les quartz. Jersey, comté de Cornwal en Angleterre.

39. Op. areniseda Nyl., in Flora 1875, p. 446.

Thalle à peu près indistinct. — Lirelles subgyriformes, agglomérées, difformes. Spores 3, 5 cloisons : 14, 16 × 4. Spermaties droites : 3, 4 1/2 × 1.

Habit. Sur la terre sablonneuse, à Saint-John, dans l'île de Jersey.

40. Op. actophila Nyl., in Flora 1880, p. 13.

Thalle cendré, étalé, tres mince ou nul. — Lirelles linéaires, subflexueuses, rimiformes ou un peu aplanies à la fin. Spores à 5 cloisons : 21, 31 × 5, 6. Spermaties bacillaires droites : 4, 5 × 1/2.

Habit. Sur les rochers, à Jersey.

41. Op. abscondita Th.-Fr. Wain., Adjum. II, p. 152.

Thalle variable, cendré olivâtre ou blanchâtre. — Lirelles subarrondies, pruineuses, planes, à bord élevé, nu. Spores 3, 4 cloisons : 23 × 7, 8.

a) var. *subdenudata* Wain., supr. Lirelles nues à la fin, à bord flexueux.

Habit. Sur les rochers granitiques, en Finlande boréale.

42. Op. catarrapha Wain., Adjum. II, p. 152.

Thalle blanchâtre ou cendré, lépreux, dispersé. — Lirelles tres flexueuses, agglomérées, pruineuses, rimiformes, à bord nu, contourné. Spores 3 à 4 cloisons 16, 22 × 7, 9.

Habit. Sur les rochers, en Finlande boréale.

c) Groupe de Op. atra.

43. Op. atra Pers. Nyl., Prodr., p. 157.

Thalle très mince, formant de petites taches blanches. — Lirelles linéaires, allongées, flexueuses, simples ou rameuses, rimiformes, souvent enchevêtrées. Thèques pyriformes. Spores 3 septées : 15, 20 × 4, 6. Spermaties droites : 4, 5 × 1.

a) var. *juglandis* Harm. Thalle brun ou brunâtre.

b) var. *salicina* Mass., Jatt. Fl. Crypt., p. 735. Thalle farineux, blanc rougeâtre.

c. var. *cerasi* Chev.; *parallela* Nyl.; *recta* Bagl. Lirelles droites, parallèles.

d) var. *fibricola* Lesd., Dunk., p. 223. Lignicole. Lirelles suivant les fibres du bois.

e) var, *maculans* Oliv. Lirelles éparses sur une tache blanche bordée de noir.

f) var. *platanoides* Del. Lirelles enchevêtrées sur de petites taches blanches farineuses.

g) var. *orbicularis* Lesd., Dunk., p. 225. Thalle maculiforme. Lirelles disposées en cercles concentriques.

h) var. *denigrata* Ach.; var. *meliana* Ach. Type à lirelles très ouvertes, subétoilées.

i) var. *hapalea* Ach.; *bullata* Krb. Lirelles rameuses, subétoilées, aplaties et un peu enfoncées dans le thalle.

k) var. *reticulata* DC. Lirelles allongées, enchevêtrées en réseau assez étendu.

Habit. Commun par toute l'Europe sur les écorces et les bois, sous une forme ou sous une autre.

44. Op. QUADRISEPTATA Nyl., L. Paris, p. 106.

Thalle mince, blanchâtre, subfarineux. — Lirelles superficiaires, linéaires, flexueuses, simples ou rameuses. Thèques pyriformes. Spores à 4 cloisons : 14, 16 × 6.

Habit. Sur les écorces, près Paris.

45. Op. XILOGRAPHIZA Nyl., in Flora 1875, p. 361.

Thalle indistinct. — Lirelles subparallèles, lancéolées-linéaires, parallèles, disposées le long des fibres du bois, rimiformes ou aplanies. Thèques pyriformes. Spores 1, 3 cloisons, le plus souvent à 2 : 10, 15 × 4, 5.

Habit. Sur les vieux bois, à La Chaux, en Suisse, et à Hollola en Finlande.

46. Op. **atricolor** Ach., Leight. L. Flora, p. 400.

Thalle blanchâtre, très mince, indéterminé. — Lirelles cendrées ou brun pâle en dedans, petites, étroites, simples, rimiformes ou aplanies à la fin. Hyménium K × pourpre. Spores 3 septées : 15, 21 × 4, 5.

Habit. Sur les vieux troncs décortiqués, au comté du Sutherland, en Écosse. Thuringe.

47. Op. **calcarea** Ach. Oliv. L. Ouest. II, p. 168.

Thalle blanchâtre, fendillé, pulvérulent ou presque nul. — Lirelles linéaires, allongées, rimiformes, simples, atténuees, mais paraissant rameuses par confluence Thèques pyriformes. Spores 3 septées, 12,18 × 4,6. Spermaties droites ou un peu courbées : 8 × 1.

a) var. *Chevallieri* Stiz. Lirelles courtes ovales elliptiques, obtuses.

b) var. *heteromorpha* Nyl. Pyr. Or p. 59. Lirelles trés étroites ; 0,2 - 0,3 mill.

c) var. *trifurcata* Mult. classif. p. 67. Lirelles en petits îlots , paraissant trifurquées par la divergence d'un rameau latéral.

d) var. *diatona* Nyl. *in* Flora, 1880, p. 13. Lirelles béantes, subdilatées.

Habit. Sur les calcaires durs. France : Manche ; Seine-Inférieure ; Deux-Sèvres. Iles Britanniques. Suisse. Belgique. Allemagne. *a*) *b*) avec le type. *c*) Le Reculet, le Salève, Province de Côme en Lombardie, Tyrol. *d*) Heidelberg en Allemagne ; Thuringe.

48. Op. **atrula** Nyl. *in* Flora, 1877, p. 565.

Thalle à peu près nul. — Lirelles simples, courtes, linéaires, rimiformes. Thèques pyriformes. Spores 3 septées : 15,16 × 3,4.

a) var. *hysteriiformis* Nyl. *in* Flora, 1879, p. 224. Lirelles plus fortes, oblongues, gonflées, obtuses. Spores 3 à 5 cloisons.

Habit. Saxicole à Kylemore en Irlande.

49. Op. **Mougeotii** Mass. Jatt. Fl. Crypt., p. 738 (exclud-syn.)

Thalle blanchâtre, lépreux, étalé. — Lirelles allongées, confluentes, pruineuses. Spores 7 à 9 cloisons, 24 × 3,4.

a) var. *pisana* Jatt. supr. Hypothalle noir, lirelles plus fortes. Spores 35,55 × 7, 10 ;

b) var. *tiburtina* Jatt. supr. Thalle épais, un peu rosé. Spores à 5 cloisons : 32,35 × 7,10.

Habit. Murs et rochers calcaires de l'Italie méridionale surtout. *a*) Mont Pisan, îles de Caprera, de Giglio, de Malte. *b*) Tivoli dans l'Italie centrale.

f) Groupe de Op. vulgata.

5o. Op. vulgata Ach. Nyl. Prodr., p. 158 (pp.).

Thalle indiqué par une simple tache blanchâtre ; chrysogonidies 13,18 de diam. — Lirelles variables, linéaires ou oblongues, courtes ou allongées, rimiformes ou fermées. Thèques cylindriques. Spores à 5, rarement 3 à 7 cloisons : 15,26 × 3,4. Spermaties 14,16 × 1/2.

a) var. *stenocarpa* Ach. syn., p. 75 ; *siderella* Ach. Nyl. Prodr. Thalle sub-farineux, lirelles plus fortes, plus distinctement rameuses, rayonnantes.

Habit. Sur les bois et les écorces. Répandu par toute l'Europe.

51. Op. subsiderella Nyl. L. Scand. p. 255.

Thalle blanchâtre, maculiforme ; chrysogonidies 3,18 de diam. — Lirelles linéaires, rameuses, rayonnantes, étoilées. Spores à 5 cloisons : 15,26 × 3,4. Spermaties 4,5 × 1 à peine.

Habit. Sur les écorces par toute l'Europe.

52. Op. hapaleoides Nyl. *in* Hue, add. n° 1554.

Thalle cendré blanchâtre, fendillé ; chrysogonidies 6,10 de diam. — Lirelles linéaires, replices ou sub-étoilées, un peu enfoncées dans le thalle. Spores à 5 cloisons : 15,26 × 3,4. Spermaties 3,5 × 1.

Habit. Sur les écorces, Haute-Vienne. Portugal. Angleterre. Irlande. Thuringe. Tauride.

53. Op. devulgata Nyl. *in* Flora, 1879, p. 358.

Thalle blanchâtre, maculiforme ; chrysogonidies 10,11 de diam. — Lirelles petites, variables comme dans *vulgata*. Spores à 5 cloisons = 24,31 × 3,4. Spermaties courbées = 8,12 × 1/2.

Habit. Sur les bois et les écorces. Orne, Manche, Vosges. Ecosse. Thuringe.

54. Op. lithyrga Ach. Harm. *L. Lorr.*, p. 449.

Thalle blanchâtre, très mince, subfarineux. — Lirelles allon-

gécs, saillantes, simples, flexueuses, ouvertes. Spores 5,7 cloisons 20,35 ⨯ 3,6. Spermaties bacillaires, droites, 4,5 ⨯ 1.

a) var. *lithyrgodes* Nyl. *in* Hue, add. 1560. Type à spermaties arquées 10,16 ⨯ 1.

b) var. *ochracea* Krb. Thalle roux ochracé; lirelles un peu plus allongées.

Habit. Sur les roches calcaires. Assez répandu en France, mais peu commun. Angleterre, Irlande, Jersey Fréquent en Italie. Tyrol, Thuringe. *a*) Haute-Vienne, Cantal. Irlande à Connemara. Thuringe ; *b*) Assez répandu en Allemagne.

55. Op. CONFLUENS Ach. Nyl. L. Paris p. 106 ; Op *Sterija* Ach , Op. *conferta* Anz.

Thalle cendré grisâtre, presque nul. — Lirelles allongées, droites ou flexueuses, obtuses, rimiformes, agrégees 3 ou 4 ensemble. Spores 3 septées: 16, 24 ⨯ 4, 6. Spermaties bacillaires, 6 ⨯ 1.

a) v. *lithyrgisa* Nyl. Lirelles non entassées ; spores plus petites: 18, 22 ⨯ 3.

Habit. Sur les roches calcaires. France : Calvados, Vendée, Ile d'Yeu, Fontainebleau, Cauterets, Lombardie ; Toscane, Portugal, Suisse, Angleterre ; Ecosse ; Irlande. a) rpches basaltiques à Royat en Auvergne.

56. Op. CINEREA Chev. Nyl. L. Paris p., 108.

Thal'e blanchâtre, mince ou un peu épaissi — Lirelles oblongues ou linéaires, droites ou courbées, paraissant subétoilées par le rapprochement des extrémités. Spores à 5 cloisons : 21, 25 ⨯ 3, 3 1/2. Spermaties très arquées : 12, 16 ⨯ 1.

Habit. Sur les écorces. Commun en France, Thuringe.

g) Groupe de Op. herpetica.

57. Op. HERPETICA Ach. Nyl. L. Paris ,p. 107.

Thalle cendré ou bruni, très mince. — Lirelles courtes. oblongues ou oblongues linéaires, simples ou divisées, rimiformes. Spores 3 septées, 16, 23 ⨯ 3, 5. Spermaties arquées, 6, 8 ⨯ 1/2, 2.

a) var. *maculata* Nyl. Prodr., p. 160. Thalle en petites taches maculiformes.

b) var. *divisa* Leight. Lirelles à division aiguës.

c) *fuscata* Sch. Enum. p. 156 ; picea Pers. Thalle foncé ; lirelles punctiformes irrégulières.

d) var. *arthonioidea* Schoer. Supr. Var. fuscata à lirelles sub-arrondies.

e) var. *rubella* Schoer supr. ; *disparata* Ach. Thalle rougeâtre, lirelles très saillantes.

f) var. *albicans* Nyl. Prodr.. p. 160. Thalle blanchâtre ou cendré.

g) var. *elegans* Leight. Thalle pulvérulent ; lirelles flexueuses.

Habit. Sur les écorces, répandu par toute la l'Europe sous une forme ou une autre, g). Angleterre ; Irlande.

58. Op. subrufescens Lesd. Notes Lich. 1906, p. 78.

Thalle cendré verdâtre, mince, étalé — Lirelles nombreuses, linéaires, innées planes rayonnantes, simples ou fourchues, parfois déformées, Paraphyses articulees, rameuses. Spores tri-septées, le plus souvent courbées 23, 45 $\times$ 3, 4. Spermaties droites. 3, 4 $\times$ 1.

Habit. Hérault ; la Salvetat, sur les houx.

59. Op. rufescens Pers. Nyl. L. Paris, p. 107.

Thalle brun-cendré ou roussâtre — Lirelles foncés, flexueuses, allongées, divisées, spores 3 septées, 20, 24 $\times$ 3, 4. Spermaties bacillaires, droites, 1, 5 $\times$ 1 à peine.

a) var. *subocellata* Ach. Syn., p. 73. Lirelles entourées d'une fausse bordure blanche.

Habit. Sur les écorces. Commun par toute l'Europe et souvent mêlé au précédent.

60. Op. opaca. Nyl. Prodr., p 154.

Thalle brun, opaque, fendillé aréolé — Lirelles ·petites, innées ellipsoïdes ou difformes, rimiformes, puis dilatées. Spores 3 septées, 12, 17 $\times$ 5, 6. Spermaties droites, 4, 5 $\times$ 1 ; souvent sur le bord des lirelles.

Habit. Sur les rochers à Montpellier.

61. Op. endoleuca Nyl. Prodr., p. 153. *Op. enteroleuca* Nyl. Coll. G.-M. Pyr.

Thalle mince, blanchâtre. — Lirelles pâles en dedans superficiaires, linéaires, lancéolées, marginées, à pruine blanche. Spores 3 septées : 13, 18 × 5, 6. Spermaties bacillaires 5, 7 × 1.

Habit. Hérault ; mortiers et pierres des murs à Agde.

62 Op. Duriei Mont. Nyl. Prodr., p. 161.

Thalle blanc crétacé, assez mince, fendillé aréolé. — Lirelles blanches en dedans, pruineuses, solitaires sur les aréoles, linéaires, flexueuses, difformes, rameuses. Spores 3 septées, 24, 25 × 7, 8.

Habit. Roches calcaires. Italie : près Brindisi, Malte, Giglio, Ile de Pelagose la Grande en Dalmatie.

63. Op. deusta Jatt. Crypt., p. 730 ; *Op. oleæ* Dntrs.

Thalle jaunâtre, fendillé, étalé — Lirelles nombreuses, contigues, pressees, oblongues ou suborbiculaires, anguleuses, à bord mince ou nul. Spores 3 septées, 12, 14 × 4, 5.

Habit. Sur les oliviers en Sardaigne.

64. Op. contexta Leight. L. Flora, p. 403.

Thalle roux-chatain, limité par un hypothalle brun — Lirelles agrégées, gyriformes, rimiformes, sublécidéines. Spores 3 septées 17, 25 × 4, 5.

a) var. *rhododendri* Arn. L. Tyrol, XIV, p. 493. Thalle roux ochracé ; spores 26, 30 × 5.

Habit. Sur les ormes en Ecosse. *a*) montagnes du Tyrol, sur les rhododendrons,

65. Op. phœnicicola Jatt. Fl. Crypt., p. 737.

Thalle cendré blanchâtre ; étalé lépreux. — Lirelles petites, agrégées, étoilées, formant à la fin des taches noires, orbiculaires. Spores 3-5 cloisons parfois brunies à la fin 16, 20 × 3, 4.

Habit Graminicole à Naples.

66. Op. rubecula Mass. Mém., p. 106.

Thalle tartareux pulvérulent, verruqueux, rouge rosé ou roussâtre — Lirelles confluentes, planes, allongées. Spores aiguës, à 5 cloisons : 18, 20 × 2, 3.

Habit sur les chênes. Vérone, Ile de Malte en Itlie.

67. Op. lilacina Mass. Mém., p. 106.

Thalle blanc violacé, farineux, verruqueux, sublimité — Lirelles très courtes, lécidéines, subarrondies. Spores 3 septées, subaigues : 12, 18 × 2, 3.

Habit. Sur les écorces. Toscane, Mantoue, Ile de Malte en Italie, Tyrol Méridional.

h) Groupe de Op. viridis.

68. Op. viridis. Pers. Nyl. L. Paris, p. 188 ; *Op. rubella* Moug. (non Schœr). *Zwachi i involuta* Wallr.

Thalle cendré verdâtre ou roussâtre hypophléode. — Lirelles petites, innées, simples ou parfois rameuses, à bords épais, rapprochés. Spores 11-13 cloisons, 40, 80 × 6, 8. Spermaties arquées, 10, 15 × 1.

a) Var. *taxicola* Leight L. Flora p. 411. Lirelles très proéminentes, largement rimiformes.

Habit. Commun sur les écorces par toute l'Europe.

a) Angleterre, Pays de Galles, Jersey.

69. Op. prosodea Ach, syn. p. 74. Nyl. Prodr., p. 109.

Thalle jaunâtre ou roussâtre, assez épais, souvent fendillé. — Lirelles allongées, épaisses, droites ou courbées, proéminentes, rimiformes. Spores 10-14 cloisons : 50, 80 × 6, 8. Spermaties, 5, 6 × 1.

Habit. Sur les écorces. Ile-et-Vilaine, Loire-Inférieure, Finistère. Angleterre au comté de Surrey ; îles anglo-normandes. Belgique à Ostende, sur le lierre.

C. Parasites.

70. Op anomea Nyl. Oliv. paras., p. 47.

Lirelles superficiaires, linéaires ou difformes, souvent agglomérées, à bords proéminents. Spores 3 septées : 23, 26 × 6, 9.

Habit. Sur le Pertusaria amara au Mont Dore.

71. Op. dirinaria (Nyl.) Oliv. paras. p. 41; *Op. grumosa* var. *dirinaria* Nyl. Alger

Lirelles difformes, allongées, planes ou convexes, souvent pruineuses. Spores 3 septées 11, 13 × 3.

Habit. Sur le Dirina repanda. — A rechercher dans le Midi de la France.

72. Op. monspeliensis Nyl. Oliv. paras., p, p. 41.

Lirelles courtes, oblongues ou sub-arrondies, rarement bifurquées, souvent agglomérées 2 à 3. Spores brunes, 3 septées, 16, 20 × 7. 8. Paraphyses libres.

Habit. Sur le Lecanora calcarea. Montpellier, Lourdes, Pyrénées, fréquent. Sur le verrucaria macrostoma à Paris.

73. Op. PARASITICA Mass. Oliv. paras., p. 42.

Lirelles punctiformes puis plissées allongées, dispersées. Paraphyses cohérentes. Spores brunes, 3 septées 18, 22 $\times$ 5, 7.

a) var. *mutilata* Arn. L. Tyrol. IX p. 3o6. Lirelles courtes, et comme mutilées aux extrémités. Spores 15, 18 $\times$ 5, 6.

Habit. Sur le Lecanora calcarea. Allemagne, Italie, Tyrol.

INDEX

Abscondita Th. Fr.............. 42
Actophila Nyl................. 40
Albicans Nyl.................. 57
Amphotera Nyl................ 26
Angustata Lesd............... 18
Anomea Nyl................... 70
Areniseda Nyl................ 39
Argillicola Dub.............. 19
Arthonioidea Sch............. 57
Arthonioidea Nyl............. nota
Atra Pers.................... 43
Atricolor Strn............... 46
Atrorimalis Nyl.............. 25
Atrula Nyl................... 48

Betulina Nyl................. 25
Bullata Krb.................. 43

Cœsareensis Nyl.............. 38
Cœsia Anz.................... 4
Cœsia DC..................... 9
Calcarea Ach................. 47
Calcarea Sch................. 10
Catarapha Wain............... 39
Celtidicola Jatt............. 15
Centrifuga Mass.............. 37
Cerasi Chev.................. 47
Cerebrina Ram................ 4
Chevallieri Stiz............. 47
Chlorina Sch................. 18
Cinerea Chev................. 56
Conferta Anz................. 55
Confluens Ach................ 5
Confluens Mass............... 16
Constrictella Stirt.......... 7
Contexta Leight.............. 64
Culmigena Lib................ 25
Cryptarum Harm............... 10

Decandollei Stiz............. 34
Demutata Nyl................. 36
Denigrata Ach................ 43
Deusta Jatt.................. 63
Devulgata Nyl................ 53
Diaphora Ach................. 18
Diaphoroides Nyl............. 20
Diatona Nyl.................. 47
Dilatata Harm................ 21
Diplasiospora Nyl............ 3
Dirinaria Nyl............ 71, 11

Disparata Ach................ 57
Divisa Leight................ 57
Dolomitica Arn............... 33
Duriei Mont.................. 62

Ecrustacea Nyl............... 32
Elegans Leight............... 57
Elevata DC................... 18
Elevata Nyl.................. nota
Elisae Mass.................. 5
Endoleuca Nyl................ 61
Enteroleuca Nyl.............. 61

Fagicola Mass................ 16
Fibricola Lesd............... 43
Fuscata Sch.................. 57

Gibberosula Ach.............. 16
Gregaria Ach................. 18
Grumulosa Nyl................ 10
Gyrifera Wain................ 34
Gyrocarpa Hir................ 34
Gyrosa Flot.................. 34

Hapalea Ach.................. 43
Hapaleoides Nyl.............. 52
Hebraica Duf................. 18
Herbarum Mont................ 25
Herbicola Nyl................ 23
Herpetica Ach................ 57
Heteromorpha Nyl............. 47
Hysteriiformis Nyl........... 48

Inarensis Wain............... 8
Incrustata God............... 24
Involuta Wallr............... 68

Juglandis Harm............... 43
Juglandis Mass............... 16

Kœrberiana Mull.............. 19

Leigthonii Cromb............. 20
Lentiginosa Lyell............ 1
Lentiginosula Leight......... 2
Lichenoides Sch.............. 16
Lignicola Harm............... 43

Lilacina Mass.	67	Rimalis Ach.	23
Lithyrga Nyl.	54	*Rimicola* Chev.	23
Lithyrgiza Nyl.	55	Rhododendri Arn.	64
Lithyrgodes Nyl.	54	Rubecula Mass.	66
Lutescens Clem.	16	*Rubella* Mong.	68
Lutalenta Nyl.	32	Rubella Sch.	57
Lyncea Sm.	9	Rubiformis Mass.	6
		Rufescens Pers.	59
		Rupestris Pers.	31
Maculans Oliv.	43		
Maculata Nyl.	57	Salicina Mass.	43
Meliana Ach.	43	Saprophila Nyl.	18
Microcarpa Oliv.	25	*Saxatilis* DC.	34
Mirilica Leight.	14	*Saxatilis* Krb.	19
Monspeliensis Nyl.	72	*Saxatilis* Sch.	33
Mougeotii Mas-	49	Saxicola Ach.	33
Mutilata Arn.	73	*Saxicola* Stiz.	19
		Saxigena Hepp.	34
Notha Ach.	16	*Siderella* Ach.	50
Nothisa Nyl.	14	Signata Ach.	18
Nigrocoesia Chev.	16	Simplex	23
Nothella Nyl.	17	Stenocarpa Ach.	50
		Steriza Ach.	55
Ochracea Krb.	54	Steriza Anz.	4
Ochrocheila Nyl.	22	Silctica DR.	nota
Oleae Dntrs.	63	Subdenudata Wain.	41
Opaca Nyl.	60	Subelevata Nyl.	nota
Orbicularis Lesd.	43	Subgregaria Harm.	23
		Sublecideina Arn.	34
Parallela Nyl.	43	Subocellata Ach.	59
Parasitica Mass.	73	Subrimalis Nyl.	23
Paraxanthodes Nyl.	29	Subrufescens Lesd.	58
Pellicula Duf.	24	Subsiderella Nyl.	51
Personii Ach.	34	Subumbonata Wain.	34
Phoea Ach.	24		
Phoenicicola Jatt.	65	Taxicola Leight.	68
Phlegospila Nyl.	31	Thelopsisocia Harm.	21
Picea Pers.	57	Tiburtina Jatt.	49
Pisana Mass.	50	Tigrina Ach.	18
Platanoides Del.	43	Tridens Ach.	18
Platycarpa Nyl.	11	Trifarcata Mull.	47
Pollini Mass.	24	*Turneri* Leight.	25
Populina Chev.	16		
Prosiliens Leight.	13	*Varia* Pers.	16
Prosodea Ach.	69	*Variæformis* Anz.	15
Prostii Dub.	27	Violatra Mass.	18
Pruinosa Hffm.	18	Viridis Pers.	68
Pruinosa Krb.	19, 34	Vulgata Ach.	50
Pulicaris Hffm.	24	*Vulvella* Ach.	24
Quadriseptata Nyl.	44	Xanthocarpa Nyl.	30
		Xanthodes Nyl.	28
Recta Bagl.	43	Xilographisa Nyl.	45
Reticulata DC.	43